U0248469

1580242826

中华人民共和国国家标准

通信局站共建共享技术规范

Code for joint construction and sharing of
telecommunications stations

GB/T 51125 - 2015

主编部门：中华人民共和国工业和信息化部
批准部门：中华人民共和国住房和城乡建设部
施行日期：2 0 1 6 年 5 月 1 日

中国计划出版社

2015 北 京

中华人民共和国国家标准

通信局站共建共享技术规范

GB/T 51125-2015

☆

中国计划出版社出版

网址：www.jhpress.com

地址：北京市西城区木樨地北里甲 11 号国宏大厦 C 座 3 层

邮政编码：100038　电话：(010) 63906433（发行部）

新华书店北京发行所发行

三河富华印刷包装有限公司印刷

———————————————————————

850mm×1168mm　1/32　1.75 印张　40 千字

2016 年 1 月第 1 版　2016 年 1 月第 1 次印刷

☆

统一书号：1580242·826

定价：12.00 元

中华人民共和国住房和城乡建设部公告

第 898 号

住房城乡建设部关于发布国家标准
《通信局站共建共享技术规范》的公告

现批准《通信局站共建共享技术规范》为国家标准,编号为 GB/T 51125—2015,自 2016 年 5 月 1 日起实施。

本规范由我部标准定额研究所组织中国计划出版社出版发行。

中华人民共和国住房和城乡建设部

2015 年 8 月 27 日

前　言

本规范是根据住房城乡建设部《关于印发 2011 年工程建设标准规范制订、修订计划的通知》（建标〔2011〕17 号文）的要求，由中讯邮电咨询设计院有限公司会同有关单位共同编制而成。

本规范在编制过程中，编制组进行了广泛的调查研究，认真总结实践经验，并在广泛征求意见的基础上，最后经审查定稿。

本规范共分 7 章和 1 个附录，主要技术内容包括：总则，术语和符号，基本规定，一类局站共建共享设计，二类局站共建共享设计，局站共建共享验收，局站共建共享维护等。

本规范由住房城乡建设部负责管理，由工业和信息化部负责日常管理，中讯邮电咨询设计院有限公司负责具体技术内容的解释。执行过程中，如有意见和建议，请寄送至中讯邮电咨询设计院有限公司（地址：北京市海淀区首体南路 9 号主语国际商务中心 3 号楼，邮政编码：100048）。

本规范主编单位、参编单位、主要起草人和主要审查人：

主 编 单 位：中讯邮电咨询设计院有限公司

参 编 单 位：江苏省邮电规划设计院有限责任公司

华信咨询设计研究院有限公司

中国电力工程顾问集团华东电力设计院

主要起草人：孔　力　　孙大胜　　关　磊　　谷　磊　　王　伟

崔红英　　李红霞　　张德科　　荆春庆　　李嵩泉

张　红　　刘吉克　　郭丽华　　房树森　　叶向阳

方国盛　　禹　光　　贺　晓　　党晓光　　梁　郁

李小锋　　刘　菲　　成　松　　何云龙　　叶向阳

王　培　　叶海涵　　张连平　　马世峰

主要审查人:平本祥　顾益人　覃建国　涂　进　刘长占
　　　　　　黄　明　丁　雷　王　冠　李　勇　陈　樱

目　　次

Contents

1 总 则

1.0.1 为了在通信局站建设中减少重复建设,提高电信基础设施利用率,进一步推进电信基础设施的共建共享工作,统一、规范通信局站共建共享设计、验收和维护等方面的技术要求,制定本规范。

1.0.2 本规范适用于新建、改建、扩建通信局站工程项目中通信工艺、建筑、结构、建筑设备、通信电源、防雷接地等基础设施的共建共享建设。

1.0.3 通信局站共建共享应统一规划、有序建设,并应保证现有网络设施安全和稳定运行。共建共享的经济性应当优于分别建设的经济性,达到节约资源及建设成本的目的。

1.0.4 共建共享通信局站的建设应符合规划、环保、节能、消防、抗震、人防等有关要求。

1.0.5 通信局站共建共享工程的设计、施工、验收和维护,除应符合本规范外,尚应符合国家现行有关标准的规定。

2 术语和符号

2.1 术 语

2.1.1 通信枢纽楼 building for telecommunications center
以安装长途通信设备为主,处于省、市级以上中心枢纽节点的通信建筑。

2.1.2 通信生产楼 building for telecommunications equipments
安装通信设备,未处于省、市级以上中心枢纽节点的通信建筑。

2.1.3 移动通信基站 mobile base station
安装移动通信无线收发信设备的通信站。

2.1.4 接入机房 access equipment room
用于安装为用户提供接入服务的多种类型通信设备的通信站。

2.1.5 卫星通信地球站 satellite telecommunications earth station
安装地面卫星通信设备的通信站。

2.1.6 光中继站 optical relay station
安装光中继设备的通信站。

2.1.7 海缆登陆站 submarine cable landing station
海底光、电缆在登陆处设置的通信站。

2.1.8 微波中继站 microwave relay station
安装微波通信中继设备的通信站。

2.1.9 国际通信出入口局 international communications gateway exchanges

安装国际通信出入口设备的通信建筑。

2.1.10 互联网数据中心　　internet data center

通过网络资源向企业提供大规模、高质量、安全可靠的专业化服务器托管、空间租用、网络批发带宽等业务的通信建筑。

2.1.11 客服呼叫中心　　call center

以服务于电话接入为主,为用户提供各种电话咨询服务的呼叫响应中心使用的通信建筑。

2.1.12 共建　　joint construction

由多方共同参与新建通信局站的行为。

2.1.13 主建方　　joint construction administrator

组织、实施共建通信局站的单位。

2.1.14 参建方　　joint construction participator

参与共建通信局站的单位。

2.1.15 共享　　sharing

由多方共同使用已有通信局站的行为。

2.1.16 所有方　　owner

拥有共享通信局站所有权的单位。

2.1.17 共享方　　sharing participator

在通信局站共享过程中,获得使用权的单位。

2.2　缩　略　语

BBU(Base Band Unit)　　基带处理单元

RRU(Remote Radio Unit)　　射频拉远模块

SPD(Surge Protective Device)　　防雷器

UPS(Uninterruptible Power Supply)　　不间断电源

3 基 本 规 定

3.1 共建共享局站分类

3.1.1 通信局站按共建共享的特点可分为一类局站和二类局站。

3.1.2 一类局站应包括各类接入机房、移动通信基站、光中继站、微波中继站等小型通信局站。

3.1.3 二类局站应包括通信枢纽楼、通信生产楼、互联网数据中心、客服呼叫中心、国际通信出入口局、海缆登陆站等大中型通信局站，以及卫星通信地球站。

3.2 局站规划要求

3.2.1 共建共享各方应结合各自的通信网络规划、局站现状、城乡规划，统一规划共建共享的局站；应在规划基础上，展开局站的共建共享建设。

3.2.2 共建局站址的选择应满足通信网络规划，并应结合水文、气象、地理、地形、地质、地震、交通、城市规划、土地利用、名胜古迹、电磁环境、环境保护、投资效益等因素及生活设施综合比较选定。场地建设不应破坏当地文物、自然水系、湿地、基本农田、森林和其他保护区。

3.2.3 共享局站址的选择应满足国家对电磁辐射安全及各通信系统电磁兼容的要求。

3.2.4 共建共享局站址的占地面积应满足共建共享各方的业务发展需要，局站址选择时应节约用地。

3.2.5 共建共享局站址所在地的电力和传输资源应满足共建共享各方的需求。局站址宜选择传输和电力缆线出入方便的位置。

3.3 设 计 要 求

3.3.1 共建共享局站建设应有统一的工艺对土建要求。

3.3.2 共建共享各方应在现有国家标准和行业标准的基础上,就技术标准方面达成统一的要求。

3.3.3 共建共享局站的设计应符合现行行业标准《通信建筑工程设计规范》YD 5003 的有关规定。

3.3.4 机房的环境条件应符合现行行业标准《通信中心机房环境条件要求》YD/T 1821 的有关规定。

3.3.5 共建共享局站的防火设计应符合现行国家标准《建筑设计防火规范》GB 50016 的有关规定。共建时,建筑的耐火等级不应低于 2 级;一类局站共享时,建筑的耐火等级不宜低于 2 级。

3.3.6 改建局站内部装修应符合现行国家标准《建筑内部装修设计防火规范》GB 50222 的有关规定。共建共享方装修标准应统一。

3.3.7 孔洞封堵应符合现行行业标准《通信机房防火封堵安全技术要求》YD/T 2199 的有关规定。

3.3.8 新建局站应符合国家现行标准《公共建筑节能设计标准》GB 50189 和《通信局(站)节能设计规范》YD 5184 的有关规定。

3.3.9 通信电源系统应符合现行行业标准《通信局(站)电源系统总技术要求》YD/T 1051、《通信局(站)电源系统维护技术要求》YD 1970、《通信电源设备安装工程设计规范》YD/T 5040、《通信局(站)电源、空调及环境集中监控管理系统》YD 1363 的有关规定。

3.3.10 新建二类局站供配电系统应设有二级计量表,并应包括各方的总计量表和公共区域的计量表。

3.3.11 防雷与接地系统应符合下列规定:

1 局站共建时,防雷接地系统应采用联合接地方式共建,并应符合现行国家标准《通信局(站)防雷与接地工程设计规范》GB

50689 的有关规定。

    2 局站共建共享时,防雷器 SPD 的选择应符合现行国家标准《通信局(站)防雷与接地工程设计规范》GB 50689 的有关规定。

    3 分布式基站与其他方局站共享,且当射频拉远模块(RRU)、基带处理单元(BBU)分开设立时,应采取接地和雷电过电压保护措施。

    4 局站共享时应采取防止给原有局站引入雷电灾害的措施,并应符合现行国家标准《通信局(站)防雷与接地工程设计规范》GB 50689 的有关规定。

3.3.12 当已有局站共享时,应按各方确认的工艺对土建要求,对工艺、建筑、结构、消防、给排水、暖通、电气、电源、防雷接地等原有设施进行评估。当不满足要求时,应对相应的部分进行改造。

3.3.13 对已有局站改造时,未经技术鉴定,不得改变原有机房的用途和使用条件。

4 一类局站共建共享设计

4.1 通信工艺要求

4.1.1 共建共享各方共用局站机房时,通信工艺对土建要求应符合下列规定:

1 共建共享各方设备空间宜互相独立,中间宜设置公共走道。

2 应根据共建共享各方通信设备布置情况、电缆和馈线的布放、维护需求,建设或改造机房内走线架。

3 应根据共建共享各方的需求统一建设和分配各类线缆孔洞。

4.1.2 安装基站天线、馈线和室外设备的屋面共建共享时,应符合下列规定:

1 应根据共建共享各方天线、馈线和室外设备的安装、维护需求,分配屋面空间和室外走线架,明确共建共享各方天线支撑物的位置。

2 各系统天线安装应采取空间隔离等满足各系统间的干扰隔离要求的措施。屋面无足够空间实现空间隔离时,可加装物理隔离设施或滤波器。

3 电磁辐射指标应符合现行国家标准《电磁辐射防护规定》GB 8702 和《环境电磁波卫生标准》GB 9175 的有关规定。

4.2 建筑、结构

4.2.1 局站的建筑、结构设计应满足通信工艺的共建共享要求。

4.2.2 局站共建共享时,建筑设计应符合下列规定:

1 局房平面布局应满足通信工艺要求。

2 局站的走线架、馈线孔洞和建筑设备孔洞等设施应根据共建共享各方的需要进行建设或改造。

4.2.3 局站共建共享时,结构设计尚应符合下列规定:

1 新建局站应选择抗震性能好的结构形式。机房荷载选取时应对参建各方的机房楼面均布活荷载进行统一协调。机房楼面均布活荷载可分别根据各方的通信设备的重量、底面尺寸、排列方式和建筑结构梁板布置等条件,按内力等值的原则计算确定。

2 共享已有通信局站或利用已有建筑改建时,应当对原结构可靠性进行评估。原结构不满足要求时,应进行加固改造。

4.3 建 筑 设 备

4.3.1 当局站共享时,应按各方需求对原有消防设施进行评估。当不满足要求时,应进行改造。

4.3.2 气体灭火系统宜共建共享;当需要设置管网式时,钢瓶间应共建。

4.3.3 当局站共享时,应对原有暖通设施进行评估。当不满足要求时,应进行改造。暖通设计应符合下列规定:

1 应根据各方对空调设备整体需求,结合已有的室外机平台资源,统筹规划布置空调室外机和冷媒管线路由。

2 空调设备的凝结水排水管网以及管材宜共享,应结合现状进行设计。

3 原有的防排烟系统宜共享,应结合按改建后机房布局对其进行改造。

4.3.4 局站共建时,暖通设计应符合下列规定:

1 空调系统形式应采用分散式空调系统。

2 应根据各方通信设备的整体需求,按照保证气流组织合理,提高空调效率的原则,设计空调室内机数量和每台容量,并应统一设置空调设备冗余量。

3 应根据各方通信设备的整体需求,统筹规划布置空调室外机的位置和冷媒管线路由,并应提出相应的板墙孔洞要求。

4 空调凝结水排水系统应共建。应根据空调设备需求,统筹设计空调凝结水排水系统的管径、路由、坡度以及管材。

5 防排烟系统应共建。

4.3.5 局站共建共享时,电气设计应符合下列规定:

1 局站共享时,应对照明、空调等配电容量和分路进行评估,不满足要求时应进行改造。

2 局站共建时,照明和空调等配电容量和配电分路应满足各方需求。

3 共建共享各方独立设置机房的照明和空调设备用电应单独设表计量;共用机房的照明和空调设备用电应按通信设备用电比例分摊或由各方协商解决。

4 火灾自动报警及消防联动控制系统和安全防范系统应共建共享。报警信息应能上报至共建共享各方的网管监控中心。

4.4 通 信 电 源

4.4.1 通信电源系统共建时,应根据共建各方的需求,充分沟通,并应确保通信电源系统能够满足共建各方的需求。

4.4.2 通信电源系统共享时,所有方在接到共享申请后,应对共享用电需求达成一致,并应对供电系统进行评估。应在保证现有系统正常使用的前提下,协商解决所有方的后续扩容需求和共享方的共享需求。

4.4.3 局站共建共享时,交流配电设计宜共建共享,并应符合下列规定:

1 共建局站交流配电系统应满足共建各方所有负载的最大需求,并应充分考虑今后的扩容计划。

2 共建局站的交流配电系统可考虑所有输出分路;也可在交流配电系统中预留大容量输出分路,由共建各方再单独设置分配设备。

3 共建局站中各方宜各自建设独立的交流 UPS 系统。当需共建交流 UPS 系统时,共建各方应提出本期和终期负荷分路及容量需求,共建交流 UPS 系统应满足所有负荷分路的终期需求。

4 共享局站共享方应提出明确的共享用电需求,所有方根据现有局站交流供电容量和设备用电量进行核算,提出交流配电共享方案。当新增负载超过交流供电容量时,应在上级供电系统容量许可、电缆敷设路由等条件许可的情况下,对交流供电系统进行扩容。

5 共享局站中共享方宜独立建设交流 UPS 系统。当共享方需共享交流 UPS 系统时,应提出明确的共享用电需求,所有方应根据交流 UPS 设备配置、电池配置及近期最大负荷,对交流 UPS 系统容量、负荷分路情况、蓄电池组后备时间进行评估,提出共享方案。

4.4.4 局站共建共享时,直流配电设计应符合下列规定:

1 共建局站通信设备负荷较小、高频开关组合电源容量能够满足共建需要时,直流电源设备可共建。共建各方应提出明确的直流负荷分路终期需求。

2 共建局站通信设备负荷较大、机房面积及承重能够满足蓄电池共建要求时,直流电源设备可共建。高频开关电源容量应满足共建各方终期直流设备使用需要。直流配电系统应满足共建各方所有负荷分路的终期需求。

3 共享局站共享方应提出明确的共享用电需求,所有方应根据开关电源设备配置、电池配置及近期最大直流用电量,对开关电源系统容量、直流负荷分路情况、蓄电池组后备时间进行评估,提出共享方案。

4 共享局站可共用直流供电系统的直流配电单元或直流配电设备,当负荷分路不满足要求时,宜增加新的直流配电设备,或对现有直流配电单元或直流配电设备进行改造。

4.4.5 局站共建共享时,通信电源系统监控应符合下列规定:

1 共建共享的通信电源系统宜由所有方负责日常维护管理，采用统一的机房动力及环境监控系统，系统的告警信号应及时上传至共建共享各方的监控平台，系统的数据应按一定周期传至共建共享各方的监控平台。

2 交流引入共建共享的局站，应对共建共享各方的交流电压、电流、功率因数、谐波、有功电度进行监控。当现有条件不满足要求时，应对交流配电设备进行改造。

3 直流电源设备共建共享的局站，应对共建共享各方的直流负荷分路电流进行监控。

4.5 防雷接地

4.5.1 局站共享时，防雷接地系统应符合下列规定：

1 已有机房的直击雷保护措施和地网，应共用原有直击雷防护和地网，并应符合现行国家标准《通信局（站）防雷与接地工程设计规范》GB 50689 的有关规定。

2 当直流供电系统采用不同制式的供电方式时，应分别采用相应的接地方式和直流防雷器（SPD）的安装方式。

3 当采用不同配电系统供电时，每个配电系统的总进线端应安装第一级防雷器（SPD）。

4.5.2 基站共享时，防雷接地系统应符合下列规定：

1 每个无线系统 BBU 侧的防雷器安装位置应与现有接地系统协调，并应就近接地。接地系统应采用环行接地汇集环。

2 每个无线系统 BBU 侧的防雷器应采用两端口防雷器（SPD），其最大通流量不应小于 40kA。

4.5.3 基站共享时，机房内的等电位连接应采用网状连接方式。

5 二类局站共建共享设计

5.1 通信工艺要求

5.1.1 局站机房共建共享时,通信工艺对土建要求应符合下列规定:

1 应在满足共建共享各方设备正常运行和维护要求的前提下分配机房空间。各方机房宜独立设置。在共同使用同一机房的情况下,各方设备空间应互相独立,中间设置公共走道,并应给各方留出维护空间。

2 应根据共建共享各方通信设备布置情况、电缆和馈线的布放、维护需求,建设或改造机房内走线架。各方机房走线架宜独立设置,在房屋高度允许的情况下,宜采用多层走线架形式。

3 应统筹建设和分配各类线缆孔洞。

5.1.2 局站共建共享时,应根据各方的需求共建共享光缆进线室和出局管道;光缆进线室设计应符合现行行业标准《光缆进线室设计规定》YD/T 5151 的有关规定;光缆进线室内光缆走线架及余缆盘留架应独立分开设置。

5.2 建筑、结构

5.2.1 局站的建筑、结构设计应满足通信工艺的共建共享要求。

5.2.2 局站共建共享时,建筑设计应符合下列规定:

1 入口、道路、停车位、消防水池、化粪池、电力管道、通信管道等公共设施应共建共享。

2 机房平面应按通信工艺要求布置,满足各方的工艺规模容量及新技术发展的要求。各方的设备空间宜相对独立。高低压配电房、油机房、疏散走道、楼梯间、电梯、卫生间、消防控制室、建筑设备用房、电气间、上线间、室外机平台、屋面等公共设施应共建共享。

3 高低压配电房、油机房、上线间、室外机平台等公共设施共建共享时,应以与共建共享各方机房距离相近为原则设置,减少各方通信及设备线缆馈线长度的差异。

4 局站各类孔洞宜根据共建共享各方需要统筹安排。

5 局站的空调室外机平台应根据共建共享各方的需要进行分区。通向室外机平台的门宜设置在公共部位。

5.2.3 局站共享时,不应在疏散走道设置隔墙或门。当对原有机房进行分隔和扩大时,不应改变原有气体灭火防护区。当不能满足以上要求时,应重新设计气体灭火系统。

5.2.4 局站共建共享时,结构设计应符合下列规定:

1 新建局站机房荷载选取时应统一规划,对参建各方的机房楼面均布活荷载进行统一协调,具体取值应符合现行行业标准《通信建筑工程设计规范》YD 5003 的有关规定。机房楼面均布活荷载也可分别根据各方的通信设备的重量、底面尺寸、排列方式和建筑结构梁板布置等条件,按内力等值的原则计算确定。

2 共享已有通信局站或利用已有建筑改建时,应对原结构可靠性进行评估。当原结构可靠性不能满足要求时,应进行加固改造。

5.3 建 筑 设 备

5.3.1 局站共享时,应按各方需求对原有消防设施评估。当不满足要求时,应进行改造。

5.3.2 局站的给水排水系统、消防灭火系统应共建共享;气体灭火系统的钢瓶间应共建共享,并应按最大保护区的设计用量配置。

5.3.3 局站共享时,暖通设计要求应符合本规范第 4.3.3 条的规定。

5.3.4 局站共建时,暖通设计应符合下列规定:

1 空调系统形式的选择应根据建筑物规模、机房的性质、负荷变化情况和参数要求、所在地区气象条件、能源状况、政策、环保等要求,通过技术经济比较确定,并宜符合下列规定:

　　1)当机房楼规模较小或装机发展速度较慢时,宜采用分散式空调系统。

　　2)当机房楼规模较大且装机发展速度较快时,宜采用集中空调系统。

2 应根据各方的需求,按照保证气流组织合理,提高空调效率的原则,设计空调室内机数量和每台容量,并应统一空调设备冗余量标准。

3 应根据机房内各方通信设备的整体需求,统筹规划布置空调室外机位置和冷媒管线路由,并应提出相应的板墙孔洞要求。

4 空调加湿给水、凝结水排水系统应共建,并应根据机房内空调设备需求,统筹设计空调加湿给水、凝结水排水系统的管径、路由、坡度及管材。

5 防排烟系统应共建。

5.3.5 局站共建共享时,电气设计应符合下列规定:

1 局站共建共享时,照明和空调配电宜以各自区域为单位独立设置,宜分别加表计量。

2 局站共享时,应对照明、空调等配电容量和分路进行评估;当不满足要求时,应进行扩容或改造。

3 局站共建时,火灾自动报警及消防联动控制应共用一套系统。当局站共享时,火灾自动报警及消防联动控制宜共用一套系统。消防报警信息应能上报至各方的网管监控中心。

4 局站共享时,应对原设置的火灾自动报警及消防联动控制系统进行评估;当不满足要求时,应进行扩容和改造。

5 公共部分的安全防范系统应共建共享。各方独立机房的安全防范系统应单独建设。安防报警信息应能上报至各方的网管监控中心。

5.4 通 信 电 源

5.4.1 通信电源系统共建时,应由共建各方充分沟通,确保通信电源系统能够满足共建各方的需求。

5.4.2 通信电源系统共享时,所有方在接到共享申请后,应对共享用电需求达成一致,并应对供电系统进行评估。应在保证现有系统正常使用的前提下,协商解决所有方的后续扩容需求和共享方的共享需求。

5.4.3 局站共建共享时,交流配电设计应符合下列规定:

1 共建局站中共建各方应共建市电引入、高压配电系统、变压器、低压配电系统、备用发电机系统。各部分容量应满足各方所有负载的最大需求,并应充分考虑今后的扩容计划。低压配电系统中应统筹考虑各方的所有输出分路需求。

2 共建局站中共建各方宜各自建设独立的交流 UPS 系统。当需共建交流 UPS 系统时,共建各方应提出本期和终期负荷分路及容量需求,共建交流 UPS 系统应满足所有负荷分路的终期需求。

3 共享局站中所有方与共享方宜共享市电引入、高压配电系统、变压器、低压配电系统、备用发电机系统。

4 共享局站共享方应提出明确的共享用电需求,所有方根据现有局站交流供电容量和设备用电量进行核算,提出交流配电共享方案。

5 共享局站中共享方宜独立建设交流 UPS 系统。共享方需共享交流 UPS 系统时,应提出明确的共享用电需求,所有方应根据交流 UPS 设备配置、电池配置及近期最大负荷,对交流 UPS 系统容量、负荷分路情况、蓄电池组后备时间进行评估,提出共享方案。

5.4.4 局站共建共享时,直流配电设计应符合下列规定:

1 共建局站中共建各方宜各自建设独立的直流供电系统。当需共建直流供电系统时,各方应提出本期和终期负荷分路及容量需求,共建直流供电系统应满足所有负荷分路的终期需求。

2 共享局站中共享各方宜独立建设直流供电系统。当需共享直流供电系统时,各方应提出明确的共享用电需求,所有方应根据开关电源设备配置、电池配置及近期最大直流用电量,对开关电源系统容量、直流负荷分路情况、蓄电池组后备时间进行评估,提出共享方案。

3 共享局站可共用直流供电系统的直流配电单元或直流配电设备,当负荷分路不满足要求时,宜增加新的直流配电设备,或对现有直流配电单元或直流配电设备进行改造。

5.4.5 局站共建共享时,通信电源监控系统应符合下列规定:

1 共建共享的通信电源系统宜由所有方负责日常维护管理,采用统一的机房动力及环境监控系统,系统的告警信号应及时上传至各方的监控平台,系统的数据应按一定周期传至各方的监控平台。

2 交流引入共建共享的局站,应对各方的交流电压、电流、功率因数、谐波、有功电度等进行监控。当现有条件不满足要求时,应对交流配电设备进行改造。

3 交流 UPS 系统及直流电源设备共建共享的局站,应对各方的负荷分路电流进行监控。

5.4.6 局站共建共享时,电力管道应共建共享,并应分区域敷设各方电缆。

5.5 防雷接地

5.5.1 局站共享时,应符合下列规定:

1 已有机房的直击雷保护措施和地网应共用已有直击雷防护和地网,并应符合现行国家标准《通信局(站)防雷与接地工程设计规范》GB 50689 的有关规定。

　　2　当采用不同配电系统供电时,每个配电系统的总进线端应安装第一级防雷器(SPD)。

6 局站共建共享验收

6.1 一般规定

6.1.1 局站共建共享项目应进行专门验收。

6.1.2 验收应由主建方(所有方)根据设计文件要求组织开展验收工作,各参建方(共享方)应参与验收。

6.1.3 共建共享局站验收应以设计为基础,采取统一的验收标准。

6.1.4 共建共享的验收范围应包括通信工艺、建筑、结构、建筑设备、通信电源、防雷接地的验收。

6.1.5 共建共享局站验收项目记录应符合本规范附录 A 验收表格的规定。当共建共享设计所涉及的各检查条目均通过验收时,该共建共享工程方可通过验收。

6.2 通信工艺要求

6.2.1 共建共享局站通信工艺的验收应包括涉及共建共享的走线架、安装基站天线与馈线系统的屋面。

6.2.2 安装基站天线、馈线和室外设备的屋面共建共享时,屋面验收应符合下列规定:

    1 共建共享各方天线支撑物的位置应满足设计要求。

    2 共建共享各方室外走线架的位置、路由应满足设计要求。

6.2.3 室内走线架的位置和路由应满足设计要求。

6.3 建筑、结构

6.3.1 建筑、结构部分共建共享项目的验收应包括涉及共建共享的验收资料、总平面布置、建筑和结构的验收。

6.3.2 验收资料的检查应符合下列规定：

1 改（扩）建工程应具备原建筑结构及构件安全性评估方面的材料，当需加固时应附有加固图。

2 验收资料中应包含统一的工艺对土建要求的正式文件。

3 验收资料中应有共建共享各方的签字盖章。

4 建筑材料应满足设计要求，共建共享各方的机房宜采用同品牌、厂家的建筑材料。

6.3.3 总平面布置及各类公共设施的设置应满足设计要求。

6.3.4 建筑部分的验收应符合下列规定：

1 建筑平面、立面布置应满足设计要求。

2 局站各类孔洞大小、位置、标高设置以及封堵应满足设计要求。

6.3.5 结构部分的验收应符合下列规定：

1 参建方应参加地基基础工程、隐蔽工程、主体结构工程的验收。

2 共享局站孔洞大小、位置、标高设置应满足工艺要求，后凿洞口补强加固措施应符合设计要求。

6.4 建 筑 设 备

6.4.1 建筑设备共建共享项目的验收应包括消防设施、空调设备、电气的验收。

6.4.2 共享局站改（扩）建工程应有原建筑设备的评估资料。

6.4.3 设置管网式气体灭火系统时，应对气体灭火系统和钢瓶间的共建共享进行检查。

6.4.4 空调设备的验收应符合下列规定：

1 空调机组的安装布放应满足设计要求，并应预留扩容机位及维护空间。

2 空调冷媒管的安装布放应满足设计要求，管材及保温不得有破损。

3 空调凝结水排水系统应满足设计要求。

4 防排烟系统应满足设计要求。

6.4.5 电气的验收应符合下列规定：

1 照明和空调的配电分路应满足设计要求，并应加表分开计量。

2 火灾自动报警、消防联动控制系统和安全防范系统应满足设计要求。报警信息应能上报至各方的监控中心。

3 二类局站共建共享时，新建通信局站供配电系统应设有二级计量表，共建共享各方应分别设置总计量表，在公共区域设置公共计量表。

6.5　通　信　电　源

6.5.1 交、直流设备安装位置及其容量和输出分路设置应满足设计要求。

6.5.2 通信电源系统监控的安装应满足设计要求。

6.5.3 共建共享各方的电源线、信号线、接地线及接线端子的规格、型号及布放应满足设计要求，并应有清晰的区分标识。

6.5.4 电源设备通电前和通电测试检验应符合现行行业标准《通信电源设备安装工程验收规范》YD 5079 的有关规定。

6.6　防　雷　接　地

6.6.1 共建局站应采用联合接地共用地网，并应满足设计要求。

6.6.2 防雷器的设置应满足设计要求。

6.6.3 共建共享各方的接地装置及接地汇流排应区分清楚、标识清晰；当共用接地汇流排时，接地汇流排的设置应符合设计要求，接地端子应分区组织、标识清晰。

7 局站共建共享维护

7.0.1 维护人员应对建筑设备、防雷接地、通信电源、传输设备等共建共享部分进行定期巡查和不定期维护检修。

7.0.2 共建共享各方在进行维护作业、网络割接、故障处理等可能影响网络运行的作业时,不得操作责任范围以外的设施。

附录 A 验 收 表 格

A.0.1 通信工艺、通信电源及防雷接地共建共享验收应符合表 A.0.1 的规定。

表 A.0.1 通信工艺、通信电源及防雷接地共建共享验收表格

验收项目	序号	检 查 条 目	检查工具	检查手段	验收结论
一类局站屋面验收	1	各方天线支撑物的位置应符合设计要求	卷尺	测量	□通过
	2	各方室外走线架的位置、路由应符合设计要求	卷尺	测量	□通过
走线架验收	1	走线架的安装位置及路由应符合设计要求		目测	□通过
电源系统验收	1	交、直流设备安装位置及其容量及输出分路设置应符合设计要求		目测	□通过
	2	通信电源系统监控的安装应符合设计要求		目测	□通过
	3	不同运营商的电源线、信号线、接地线及接线端子的规格、型号及布放符合设计要求,并有清晰的区分标识		目测	□通过
	4	电源设备通电前和通电测试检验应符合现行行业标准《通信电源设备安装工程验收规范》YD 5079 的有关规定		文件检查	□通过

验收项目	序号	检 查 条 目	检查工具	检查手段	验收结论
防雷接地验收	1	共建局站应采用联合接地共用地网,并应符合设计要求		文件检查	□通过
	2	防雷器的设置应符合设计要求		文件检查	□通过
	3	各方的接地装置及接地汇流排应区分清楚、标识清晰		目测	□通过
	4	共用接地汇流排时,接地汇流排的设置应符合设计要求,接地端子应分区组织、标识清晰		目测	□通过

验收结果补充说明:

验收结论:

验收人(签章):

验收时间:

A. 0. 2 建筑、结构共建共享验收应符合表 A. 0. 2 的规定。

表 A.0.2 建筑、结构共建共享验收表格

验收项目	序号	检查条目	检查工具	检查手段	验收结论
资料检查	1	改(扩)建工程应有原建筑结构及构件安全性评估方面的材料		文件检查	□通过
	2	改(扩)建工程加固改造部分应有加固图纸		文件检查	□通过
	3	验收资料中应包含统一的工艺对土建要求的正式文件		文件检查	□通过
	4	验收资料中应有各方的签字盖章		文件检查	□通过
	5	建筑材料验收应记录完备,并符合设计要求		文件检查	□通过
总平面布置	1	总平面布置及各类公共设施的设置应符合设计要求		目测	□通过
建筑	1	建筑平面、立面布置应符合设计要求		目测	□通过
	2	局站各类孔洞设置应符合设计要求		目测	□通过
	3	局站各类孔洞的封堵应符合设计要求		目测	□通过
结构	1	各参建方应参与地基基础工程、隐蔽工程、主体结构工程等重要分部分项工程的验收		文件检查	□通过
	2	后凿洞口加固措施应符合设计要求		文件检查	□通过

验收结果补充说明:

验收结论:

验收人(签章):

验收时间:

A.0.3 建筑设备共建共享验收应符合表 A.0.3 的规定。

表 A.0.3 建筑设备共建共享验收表格

验收项目	序号	检查条目	检查工具	检查手段	验收结论
资料检查	1	共享局站改(扩)建工程应有原有建筑设备的评估资料。如需改造,应附有改造图纸		文件检查	□通过
消防设施	1	需要设置管网式气体灭火系统时,应共建气体灭火系统和钢瓶间		目测	□通过
空调验收	1	空调机组的安装布放应符合设计要求,并预留扩容机位及维护空间		目测	□通过
	2.	空调机组的气流组织分配应满足各方通信设备制冷需求		目测	□通过
	3	空调冷媒管的布放路由应符合设计要求		目测	□通过
	4	空调冷媒管的管材及保温不得有破损		目测	□通过
	5	空调凝结水排水系统应符合设计要求		目测	□通过
	6	防排烟系统应符合设计要求		目测	□通过
电气验收	1	照明和空调的配电分路应符合设计要求,并加表分开计量		目测	□通过
	2	火灾自动报警及消防联动控制系统和安全防范系统应符合设计要求。报警信息应能上报各方的监控中心		目测	□通过
	3	二类局站共建共享时,新建通信局站供配电系统上应设有二级计量表,各方应分别设置一个总计量表,公共区域设置公共计量表		目测	□通过

验收结果补充说明:

验收结论:

验收人(签章):

验收时间:

本规范用词说明

1　为便于在执行本规范条文时区别对待,对要求严格程度不同的用词说明如下:

1)表示很严格,非这样做不可的:

正面词采用"必须",反面词采用"严禁";

2)表示严格,在正常情况下均应这样做的:

正面词采用"应",反面词采用"不应"或"不得";

3)表示允许稍有选择,在条件许可时首先应这样做的:

正面词采用"宜",反面词采用"不宜";

4)表示有选择,在一定条件下可以这样做的,采用"可"。

2　条文中指明应按其他有关标准执行的写法为:"应符合……的规定"或"应按……执行"。

引用标准名录

《建筑设计防火规范》GB 50016

《公共建筑节能设计标准》GB 50189

《建筑内部装修设计防火规范》GB 50222

《通信局(站)防雷与接地工程设计规范》GB 50689

《电磁辐射防护规定》GB 8702

《环境电磁波卫生标准》GB 9175

《通信局(站)电源系统总技术要求》YD/T 1051

《通信局(站)电源、空调及环境集中监控管理系统》YD 1363

《通信中心机房环境条件要求》YD/T 1821

《通信局(站)电源系统维护技术要求》YD 1970

《通信机房防火封堵安全技术要求》YD/T 2199

《通信建筑工程设计规范》YD 5003

《通信电源设备安装工程设计规范》YD/T 5040

《通信电源设备安装工程验收规范》YD 5079

《光缆进线室设计规定》YD/T 5151

《通信局(站)节能设计规范》YD 5184

中华人民共和国国家标准

通信局站共建共享技术规范

GB/T 51125 - 2015

条 文 说 明

制 订 说 明

《通信局站共建共享技术规范》GB/T 51125—2015,经住房城乡建设部 2015 年 8 月 27 日以第 898 号公告批准发布。

本规范制定过程中,编制组进行了广泛的调查研究,总结了我国通信局站建设共建共享的实践经验,同时参考了国内规范标准,许多单位和专家提出了意见和建议。

为便于共建共享各方、设计、施工等单位有关人员在使用本规范时能正确理解和执行条文规定,《通信局站共建共享技术规范》编制组按章、节、条顺序编制了本规范的条文说明,对条文规定的目的、依据以及执行中需注意的有关事项进行了说明。但是,本条文说明不具备与规范正文同等的法律效力,仅供使用者作为理解和把握规范规定的参考。

目　　次

1 总 则

1.0.1 近年来,我国通信事业迅猛发展,固定通信和移动通信方式给人民群众生活、工作带来很多方便。同时,大规模的建设带来了电信设施重复建设的问题。2008年9月,工业和信息化部联合国资委发布了《关于推进电信基础设施共建共享的紧急通知》(工信部联通〔2008〕235号),明确了减少土地、能源和原材料的消耗,保护自然环境,减少电信重复建设,提高电信基础设施利用率,大力推荐电信基础设施共建共享的要求。各地电信运营企业积极响应,在移动通信基站、传输资源、室内分布系统等方面的共建共享取得较为显著的成效。在通信局站方面,主要集中在基站铁塔、基站机房、基站电源等领域的共建共享,对通信生产楼的共建共享也进行了尝试。结合目前的发展状况,有必要对通信局站的共建共享进行总结,制订规范以指导通信局站共建共享工作的有效开展。

本规范主要围绕共建共享通信局站的特点编写,与非共建共享通信局站建设一样遵循的各种技术要求不再赘述。由于共建共享通信局站涉及多个建设方,各建设方又有各自不同的情况,所以强调共建共享通信局站建设要统一规划、统一需求、统一标准、统一验收、明确主建方,以利共建共享的实施。

1.0.2 本规范主要针对通信局站内各类设施的共建共享提出技术要求。电信钢塔架的共建共享在专门规范中另行规定。传输资源的共建共享主要反映在线路方面,不在本规范中体现。

1.0.3 为保证通信局站共建共享的顺利实施,通信局站共建共享应有明确的主建方。主建方负责统一需求分析及方案确定,并负责工程勘察、设计、施工、监理、验收、安全鉴定或复核的管理。

3 基 本 规 定

3.1 共建共享局站分类

3.1.1～3.1.3 共建共享局站分类是本规范重要内容,按共建共享难易分为两类:接入机房、移动通信基站、光缆中继站、微波中继站等小型局站量大面广,功能相对单一,共建共享可操作性较强且实践较多,这类局站是共建共享的重点,故纳入一类;二类通信枢纽楼、通信生产楼、互联网数据中心、客服呼叫中心、国际通信出入口局、海缆登陆站等中大型局房数量较少、功能较复杂,共建共享实践较少,这类局站共建共享有一定难度,故纳入二类。卫星通信地球站共建共享实践较少,因其规模有大有小,故在第二类最后列出。

3.2 局站规划要求

3.2.1 规划是实现局站共建共享重要环节。共建共享各方的通信网络规划、局站现状各不相同,并且城乡对局房建设有规划方面的要求,尤其是大中型通信局站的建设涉及征地、引电、各级审批审查、大量的招投标,建设程序已相当复杂,局站共建共享有多方参与,协调各方的需求更增加了建设的复杂性,所以各方必须齐心协力,统筹考虑各方资源和未来发展,对局房共建共享建设进行协调和统一部署,为后续工作打下坚实的基础,有利于局房共建共享建设的开展。

3.2.4、3.2.5 共享土地、电力、传输资源,统一办理征地和外市电引入,节约资源,提高效率,是局房共建共享的主要优势。本条对征地、外市电引入、传输资源等做出要求。

3.3 设 计 要 求

3.3.1、3.3.2 局站共建共享有多个建设方参与,为保证建设的顺利进行,需要对如何满足各自的需求和建设标准进行充分的协调磋商,在工艺对土建要求和各专业的建设标准达成共识,保证后续的设计、施工、验收的顺利进行。

3.3.10　有别于一般通信局站建设,对各方用电分别计量是局站共建共享建设中应考虑的重要问题。由于二类局站中机房数量多,按机房或楼层设表增加了抄表工作量,所以本条要求各方应分别设置一个总计量表,公共区域应设置公共计量表。改扩建二类局站情况复杂,对原有供电系统改造难度有时较大,所以未作要求。

3.3.11　局站共建时共同建设联合接地,除考虑各方要求外,在技术上与新建的联合接地相同,其防雷接地设计按《通信局(站)防雷与接地工程设计规范》GB 50689 执行即可。

3.3.13　各类通信机房荷载和使用环境有较大差异。任意改变其用途、使用条件或使用环境,将显著影响机房的安全性及耐久性。因此,改变前必须经技术鉴定或设计许可。

4 一类局站共建共享设计

4.1 通信工艺要求

4.1.1 鉴于通信局站共建共享主要针对基础设施,所以工艺共建共享要求重点考虑影响土建设计的通信机房的排布、线缆走线要求、线缆走线洞分配等部分做出规定,而并非对通信设备自身的共建共享做出要求。另外,局站共建共享对机房环境无特别的要求,故本规范没有论述。

4.1.2 安装基站设施的屋面共建共享时,为了给建筑结构专业提供核实屋面荷载安全所需要的安装位置等信息,应按照各通信系统间采取的干扰隔离措施及指标要求,协商确定各系统天线及其支撑物的安装位置,并连同天线、馈线及其支撑物的尺寸、重量,提交给建筑结构专业进行核实。

4.2 建筑、结构

4.2.1、4.2.2 一类局站以安装设备为主,建筑设计以满足工艺要求为重点,解决机房的功能分区、孔洞处理等方面的问题。

4.3 建 筑 设 备

4.3.3 本条文是对已有一类局站共享时,暖通专业设计原则。目的是满足一类共享局站的使用要求的前提下,暖通专业设计尽量做到经济合理、便于维护管理、节省运行费用。

4.3.4 本条文是对一类局站共建时,暖通专业设计原则。目的是满足共享局站的使用要求的前提下,根据一类局站的通信生产特点,从系统选型、设备配置等方面提出要求,使暖通专业设计做到经济合理、便于维护管理、节省运行费用。

4.3.5 一类局站面积较小,共享共建各方通信设备和建筑设备常混放在同一房间,建筑设备为各方共用。共享时,应注意看原照明和空调配电系统的容量和分路是否满足合作方的要求。如果不满足,要进行扩容和改造,各自使用的分路应加表计量;共建时,应按照各方的要求来配置。对共用的建筑设备的用电往往采取分摊的方式解决。火灾自动报警和安全防范系统应合用,报警信息应上报至各方的监控中心。

4.4 通 信 电 源

4.4.3 一类局站共建共享时,对交流电源的引入及配电部分推荐统一考虑,建设一套交流配电系统对多家运营商的设备进行供电。

4.4.4 一类局站中直流系统共建共享时,应充分考虑各方的分路需求和容量需求,并应考虑分路的保护选择性,避免各方的设备出现故障时相互影响。直流供电系统共享时,当原有直流系统设备容量等不能满足共享要求时,应统筹考虑局站面积、承重等条件,提出扩容改造方案。

5 二类局站共建共享设计

5.1 通信工艺要求

5.1.1、5.1.2 鉴于通信局站共建共享主要针对基础设施,所以工艺共建共享要求重点考虑影响土建设计的通信机房的排布、设备的机架安装位置、线缆走线要求、线缆走线洞分配、光缆进线室和出局管道等部分做出规定,而并非对通信设备自身的共建共享做出要求。另外,局站共建共享对机房环境无特别的要求,故本规范没有论述。

5.2 建筑、结构

5.2.2 共建共享局站的空调安装维修可能涉及各方安装维修人员,且设备不断扩容带来多批次的空调安装,所以在局站使用过程中安装维修人员会多次出入室外机平台进行操作,通向室外机平台的门设在机房存在灰尘污染和人为破坏的风险,设置在公共部位避免了这些问题。

5.2.3 局站改建时应特别注意。气体灭火系统灭火剂用量是由最大防护区的容积决定,如果改变机房面积增加了最大防护区的容积,将影响气体灭火系统正常工作。

5.3 建 筑 设 备

5.3.3 本条文是对已有二类局站共享时,暖通专业设计原则。目的是满足二类共享局站的使用要求的前提下,暖通专业设计尽量做到经济合理、便于维护管理、节省运行费用。

5.3.4 本条文是对二类局站共建时,暖通专业设计原则。目的是满足共享二类局站的使用要求的前提下,根据二类局站的空调系统能耗比较大的特点,从系统选型、设备配置等方面提出要求,便于暖通专业设计做到经济合理、便于维护管理、节省运行费用。

5.3.5 二类局站机房数量多,面积较大,且功能分区明确,共享共建各方机房往往各自独立,空调和照明配电系统可以做到针对各方独立设置,分别计量。火灾自动报警系统应共用,报警信息应上报至各方的监控中心;为各方保密起见,各方独立机房的安全防范系统应单独设置,报警信息应上报至各方的监控中心。

5.4 通 信 电 源

5.4.3 二类局站共建共享时,考虑到市电引入的难度、高低压变配电设备及备用发电机组建设的复杂性,因此无论是共建还是共享时,都应考虑统一建设一套完整的交流配电系统对各方的设备进行供电。

由于交流 UPS 系统是对各方通信设备直接供电的电源设备,在二类局站中各方的通信设备布置相对独立,因此对于交流 UPS 供电系统的建设,各方应首先考虑各自独立建设。如确需共建共享时,应充分考虑各方的分路需求和容量需求,并应考虑分路的保护选择性,避免各方的设备出现故障时相互影响。

交流 UPS 供电系统共享时,当原有 UPS 系统设备容量等不能满足共享要求时,应统筹考虑局站面积、承重等条件,提出扩容改造方案。

5.4.4 由于直流供电系统是对各方通信设备直接供电的电源设备,在二类局站中各方的通信设备布置相对独立,因此对于直流供电系统的建设,各方应首先考虑各自独立建设。如确需共建共享时,应充分考虑各方的分路需求和容量需求,并应考虑分路的保护选择性,避免各方的设备出现故障时相互影响。

直流供电系统共享时,当原有直流系统设备容量等不能满足共享要求时,应统筹考虑局站面积、承重等条件,提出扩容改造方案。

6 局站共建共享验收

6.1 一般规定

6.1.1 本规范的验收专指共建共享方面的验收。本章中所提的设计要求是指共建共享方面的设计要求。为避免理解偏差,特此说明。

6.1.3 为体现公平,各参建方应采取相同的验收标准。当各使用方的验收标准不一致时,设计中应首先予以协调统一。对于无法协调统一所导致的验收困难,应以设计为基础进行协商,并在验收报告中做明确说明。

6.2 通信工艺要求

6.2.1 通信工艺要求涉及的机房平面排布、孔洞、通信管道、电力管道、光缆进线室的验收在建筑部分反映。

6.3 建筑、结构

6.3.2 共享基站局站改(扩)建工程如需利用原有建筑,应由持有相关资质的设计单位对相应的结构构件的安全性进行评估,并出具正式复核文件;如需加固改造,应由设计单位出具正式加固设计文件,以保证原结构的安全性。

对于在建筑、结构方面根据工艺要求开设孔洞、局部改造等特殊处理的局站共建共享工程,需将工艺对土建要求的正式文件作为验收资料的一部分,留存归档。

为便于现场管理、保证质量,各分项工程实施中应在符合设计要求的前提下,尽量采用同品牌、同厂家的规格、性能相同或相近的建筑材料。

6.3.3 二类局站建筑规模较大,重要性等级较高,总平面布置时应设置足够的公共区域空间,满足各方车辆运输、设备搬运、安装维护、安全疏散等方面的要求,保证各方利益,体现公平。

6.3.4 新建局站孔洞的施工,应根据工艺对土建要求的正式文件和建筑设计图纸,在前期局站主体施工中预留,尽量避免后凿洞口。改(扩)建局站工程中,后凿洞口应由设计单位出具补强加固措施。

6.4 建 筑 设 备

6.4.1 建筑设备共建共享项目的验收包括消防设施、空调设备、电气的三部分验收内容,可根据实际情况同时验收或分别验收。其中,消防验收结果必须满足当地消防部门要求。

6.4.4 空调机组的安装布放应该能满足任意共建共享方设备的制冷需求,其容量的计算规划应该考虑各方终期建设需求。在设备还未完全布置满前,空调机组需考虑预留扩容机位及相应的维护空间,以便于后期设备的安装及检修。所有空调室外机的安装环境应大于产品说明要求的最小安装间距。如在室外机部件上有相应的加强散热技术,可适当减小室外机间距。

7 局站共建共享维护

7.0.1 共建共享局站的所有权属于主建方,因此共建共享设施的维护由主建方负责。在共建共享各方协商基础上,由主建方负责制定共建共享设施详细的维护标准和要求、应急预案和抢修流程、事后通报处理流程以及通报制度。对共建共享设施进行维护、网络割接、故障处理时,负责单位应事先书面通知有关共建共享各方,共建共享各方应积极配合。作业完成后,负责单位应向有关共建共享各方通报相关维护信息。维护单位应建立共建共享设施的技术档案和维护资料,并应妥善保管,及时更新。共建共享各方可根据需要查阅共建共享设施的技术档案和维护资料。

7.0.2 共建共享各方如需操作责任范围以外的设施,需报批主建方审批并经主建方同意后方可进行,主建方应协调各共享方,确保共建共享各方通信网络的安全、可靠的运行,并做好相关记录、变更等工作。

网址:www.jhpress.com
电话:400-670-9365

统一书号:1580242·826

定　　价:12.00元

UDC

中华人民共和国国家标准

P

GB/T 51125－2015

通信局站共建共享技术规范

Code for joint construction and sharing of
telecommunications stations

2015－08－27 发布　　　　2016－05－01 实施

中华人民共和国住房和城乡建设部
中华人民共和国国家质量监督检验检疫总局　　联合发布